O Divertido
Mundo da
Física

$$a = \frac{c^2}{d^2}$$

DO IDEAL PARA O REAL

LF
EDITORIAL

GLÊNON DUTRA   LUCAS BARROS THÁRCIO CERQUEIRA

O Divertido Mundo da Física

$a = \dfrac{c^2}{d^2}$

DO IDEAL PARA O REAL

LF
EDITORIAL

2024

Copyright © 2024 os autores
1ª Edição

Direção editorial: Victor Pereira Marinho e José Roberto Marinho

Design gráfico: Thárcio Cerqueira
Capa: Matheus Menezes
Elaboração dos originais: Glênon Dutra, Lucas Barros, Thárcio Cerqueira

Edição revisada segundo o Novo Acordo Ortográfico da Língua Portuguesa

Dados Internacionais de Catalogação na publicação (CIP)
(Câmara Brasileira do Livro, SP, Brasil)

Dutra, Glênon
O divertido mundo da física: do ideal para o real / Glênon Dutra, Lucas Barros, Thárcio Cerqueira. – São Paulo: LF Editorial, 2024.

ISBN 978-65-5563-455-6

1. Astronomia 2. Física - Estudo e ensino I. Barros, Lucas. II. Cerqueira, Thárcio. III. Título.

24-208218	CDD-530.7

1. Física: Estudo e ensino 530.7

Eliane de Freitas Leite - Bibliotecária - CRB 8/8415

LF Editorial
www.livrariadafisica.com.br
www.lfeditorial.com.br
(11) 2648-6666 | Loja do Instituto de Física da USP
(11) 3936-3413 | Editora

 Sumário

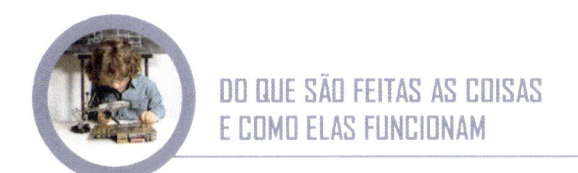 

Apresentação

Seria possível entender, de maneira simples, os relâmpagos? Será que os alimentos aquecidos no micro-ondas fazem mal à saúde? Como funcionam os circuitos elétricos em uma casa? Por que o céu é escuro à noite? O que são estrelas cadentes?

A partir de perguntas como essas, chega às mãos do leitor "*O Divertido Mundo da Física: do ideal para o real*". O título do livro reflete o esforço conjunto de três professores de Física que se lançaram ao desafio de explicar os fenômenos do dia a dia pelas lentes dessa ciência.

Neste livro, são explorados vários temas sob a forma de perguntas e respostas, organizadas em seis capítulos. Todo o conteúdo é apresentado em um estilo de linguagem simples e ao mesmo tempo instigante. Em cada pergunta, a explicação é acompanhada de imagens e ilustrações que enriquecem a sua compreensão.

Convidamos o leitor a desfrutar de uma viagem surpreendentemente agradável pelo mundo da Física. Esperamos que este livro desperte a curiosidade em entender como são e como as coisas funcionam ao seu redor. Afinal, a Física está em todos os lugares.

Em 03 de abril de 2024.

Glênon Dutra

Lucas Barros

Thárcio Cerqueira

DO QUE SÃO FEITAS AS COISAS E COMO ELAS FUNCIONAM

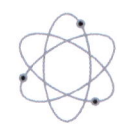

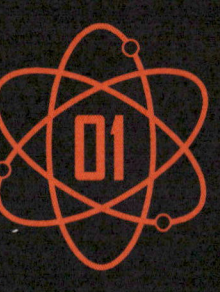

Por que as pessoas que entendem de vinho preferem bebê-lo em taças?

Os enófilos, pessoas que estudam o vinho e sua degustação, afirmam que a taça oferece vantagens em relação ao copo, no que se refere ao desfrute de aromas e sabores dos vinhos. Para isso, precisamos entender a estrutura de uma taça.

A taça possui quatro partes: borda, bojo, haste e base.

A principal vantagem da taça em relação ao copo é a presença da haste. Cada tipo de vinho tem uma temperatura específica propícia à degustação. Assim, qualquer elevação ou diminuição da temperatura da bebida afeta o seu sabor.

Para preservar a temperatura ideal por mais tempo, deve-se segurar a taça por sua haste, pois evita que o <u>calor</u> seja rapidamente transferido da sua mão para a bebida através da condução térmica. A quantidade de calor transferida é inversamente proporcional ao comprimento da haste, isto é, quanto maior for a haste, menor será a taxa de calor transferido entre sua mão e o vinho. Ao segurarmos a taça pelo bojo, aumentamos a área de contato entre a mão e a taça, e diminuímos a distância entre ela e o líquido. Isso provocará o rápido aquecimento do vinho, e, consequentemente, alterações em seu sabor. Esse efeito acontece quando, por exemplo, se degusta vinho em copos.

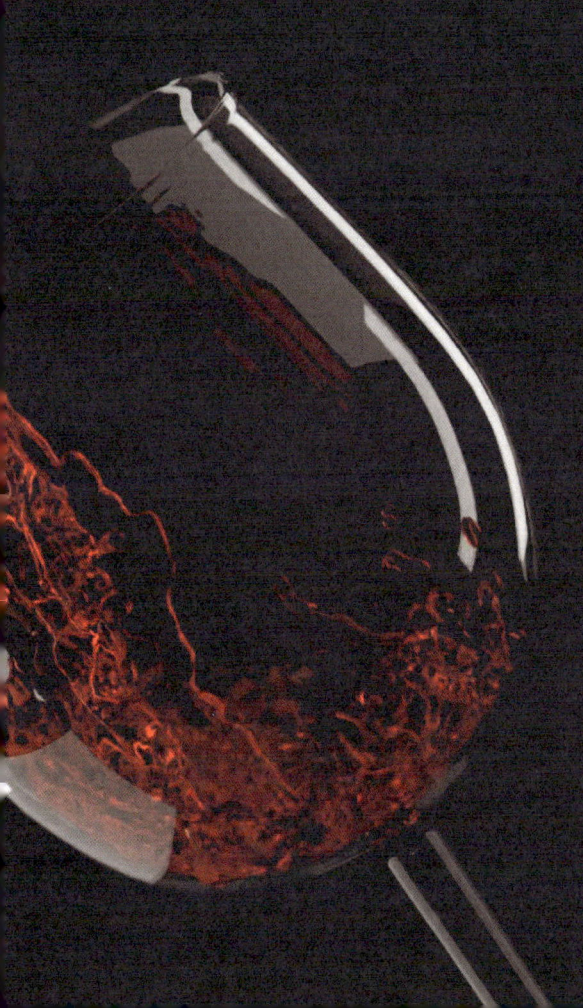

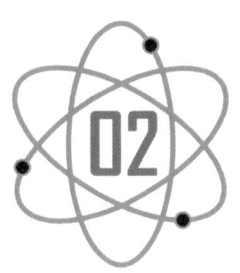

Por que a borracha não apaga riscos de caneta em um papel?

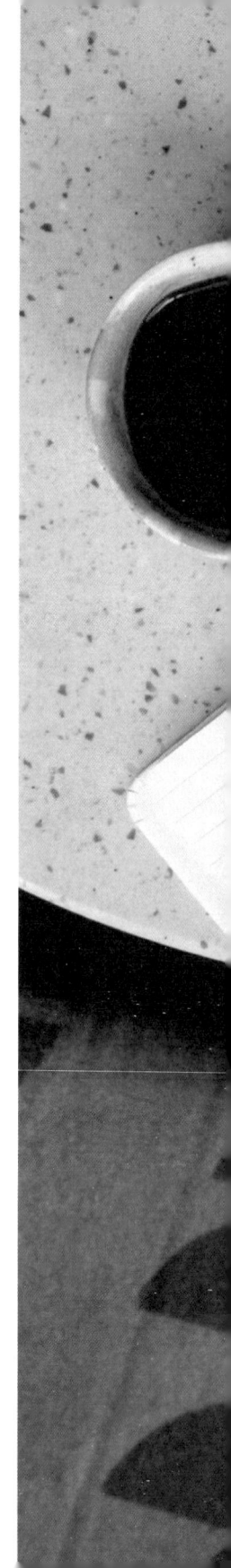

Quando assinamos um documento ou escrevemos uma carta com a caneta, a sua tinta, por ser líquida, passa pela superfície do papel e penetra nas suas fibras. Essas fibras são muito pequenas, 70 vezes menores que a espessura de um fio de cabelo. Ao esfregar a borracha sobre a superfície do papel, ela só consegue remover o que está na sua superfície. Como a borracha é sólida, ela não consegue adentrar as pequenas aberturas da folha, por isso não consegue apagar o risco que fazemos. Tentativas de apagar marcas de caneta com a borracha podem não apenas manchar a folha como também rasgá-la.

Plan for the day:

Esquema Elétrico: Circuito simples com abajur.

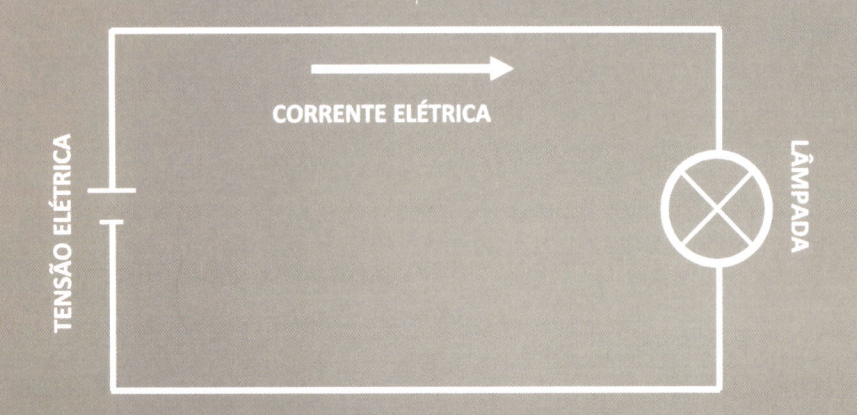

CORRENTE ELÉTRICA

TENSÃO ELÉTRICA

LÂMPADA

Qual o circuito elétrico mais simples?

03

O circuito elétrico mais simples possível é aquele que possui uma fonte de tensão elétrica, um caminho que permite a passagem da corrente elétrica e alguma coisa que transforma a energia elétrica em outra forma de energia. Um abajur ligado em uma tomada é um exemplo disso.

Note que a fonte de tensão possui dois terminais (podendo ter um terceiro, que é o fio terra). O aparelho também possui dois terminais (podendo ter também um terminal do fio terra). O terminal do fio terra, literalmente, é ligado ao terreno e serve como um caminho para sobrecargas elétricas. Os dois terminais da fonte de tensão devem ser ligados aos dois terminais do aparelho, fechando o circuito. Aliás, é este o significado da palavra circuito: um caminho fechado (lembre-se dos circuitos de corrida).

Por que não é aconselhável carregar a mochila com apenas uma das alças pendurada em um dos ombros?

04

De acordo com associações médicas, para evitar danos à saúde, o "peso" recomendado da mochila de uma criança deve ser, no máximo, igual a 10 % do "peso" do seu corpo. Lembrando que, o que chamamos de "peso" de um objeto no nosso dia a dia é, na verdade, a massa desse objeto relacionada à quantidade de matéria nele contida.

A mochila exerce uma pressão sobre os ombros de quem a carrega. Essa pressão será maior se a área de contato entre a mochila e o ombro for menor. Quando você usa a mochila em apenas um ombro, está concentrando apenas nesse ombro toda força que a mochila faz em você (pressão maior), aumentando a chance de causar alguma lesão. Mas, quando usa nos dois ombros, está espalhando essa força em uma área maior (diminuindo a pressão).

Faça você mesmo!

Utilizando uma calculadora, veja o "peso" recomendado para a sua mochila!

1. Digite seu "peso" na calculadora;
2. Multiplique esse valor por 10;
3. Por fim, divida o resultado por 100.

PRONTO! O resultado final é o máximo de "peso" que você deverá levar em sua mochila!

05 Por que a brasa de uma fogueira se torna mais "viva" quando a assopramos?

Para responder a essa pergunta, é necessário primeiro compreender a combustão. A combustão é uma reação exotérmica (libera energia) entre um combustível e um comburente. O combustível é todo material que fornece energia para que haja a queima. Já o comburente é o agente necessário para reagir com o combustível, produzindo o fogo.

Elementos envolvidos na combustão.

Numa fogueira, por exemplo, temos um processo de combustão, no qual a madeira possui substâncias combustíveis e o oxigênio do ar é o comburente. Assim, quando uma brasa é assoprada, mesmo estando um pouco apagada, tende a ficar mais acesa, com aspecto mais "vivo". Isso ocorre porque "injetamos" mais oxigênio por meio do sopro, aumentando a quantidade de reações químicas entre o oxigênio e o combustível na madeira. A intensidade da combustão aumenta na brasa e ela se torna mais avermelhada e brilhante. Esse mesmo princípio é utilizado para acender uma churrasqueira abanando o carvão.

Por que vemos uma coloração esverdeada, azulada ou roxa nas lentes de óculos ou de câmeras?

Ao atravessar um material transparente como o vidro, uma pequena parte da luz é refletida pela superfície. Você percebe esse efeito ao se aproximar de uma porta de vidro transparente, em que consegue observar tanto o interior da sala através do vidro quanto o lado de fora refletido na superfície da porta. Em dispositivos que utilizam lentes como óculos e câmeras, a reflexão da luz na superfície não é desejável porque gera uma perda de intensidade que compromete a qualidade da imagem observada. Isso acontece, por exemplo, nos óculos, quando a luz é refletida nos dois lados das lentes. Para contornar esse problema, as lentes recebem um tratamento especial na fábrica: depois de passar pela fase de produção e polimento, a lente passa por um processo de revestimento a vácuo, no qual são adicionadas camadas de um material conhecido como filme antirreflexo. O índice de refração desse material é cuidadosamente ajustado para que haja o cancelamento de boa parte da luz que seria refletida. No entanto, por mais cuidadoso que seja o processo, esse cancelamento não é total, sobrando algumas frequências específicas na faixa do verde, azul ou roxo.

Em dias quentes, alguns instrumentos musicais de corda como o violão, violino e o piano se desafinam. Por que isso acontece?

Primeiramente, precisamos entender o conceito físico de **dilatação térmica**. Quando um material é aquecido, as suas moléculas passam a se agitar mais rapidamente e tendem a se afastar umas das outras, provocando no material uma expansão no comprimento (dilatação linear), na área superficial (dilatação superficial) e no seu volume (dilatação volumétrica), que pode ser medido utilizando-se das variações de temperatura e de dimensão do material e do seu coeficiente de dilatação térmica, que é uma propriedade específica de cada material. Do contrário, quando a temperatura diminui, o material sofre uma contração e volta ao seu tamanho original.

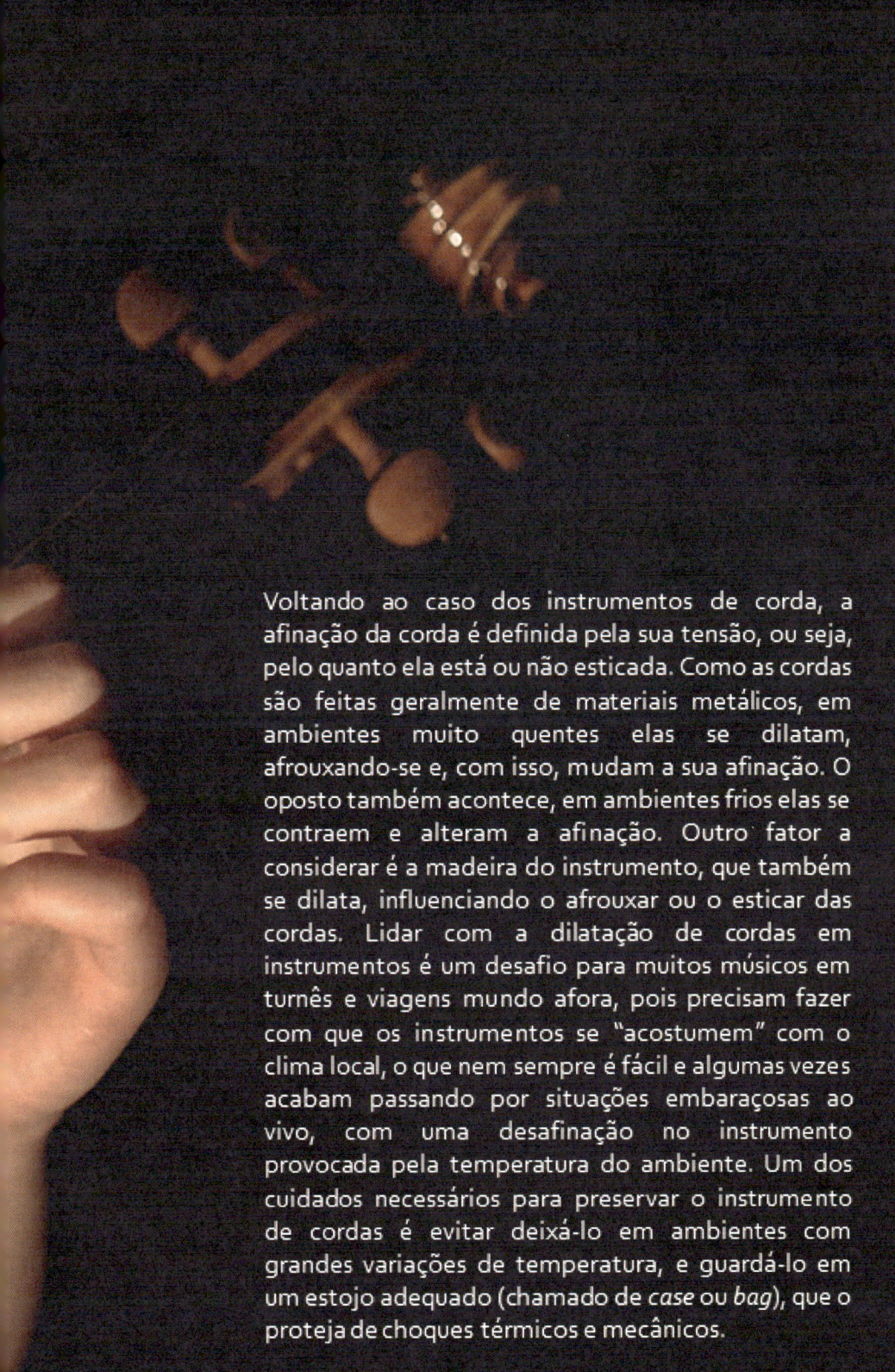

Voltando ao caso dos instrumentos de corda, a afinação da corda é definida pela sua tensão, ou seja, pelo quanto ela está ou não esticada. Como as cordas são feitas geralmente de materiais metálicos, em ambientes muito quentes elas se dilatam, afrouxando-se e, com isso, mudam a sua afinação. O oposto também acontece, em ambientes frios elas se contraem e alteram a afinação. Outro fator a considerar é a madeira do instrumento, que também se dilata, influenciando o afrouxar ou o esticar das cordas. Lidar com a dilatação de cordas em instrumentos é um desafio para muitos músicos em turnês e viagens mundo afora, pois precisam fazer com que os instrumentos se "acostumem" com o clima local, o que nem sempre é fácil e algumas vezes acabam passando por situações embaraçosas ao vivo, com uma desafinação no instrumento provocada pela temperatura do ambiente. Um dos cuidados necessários para preservar o instrumento de cordas é evitar deixá-lo em ambientes com grandes variações de temperatura, e guardá-lo em um estojo adequado (chamado de *case* ou *bag*), que o proteja de choques térmicos e mecânicos.

08 O que são materiais?

A água de rios, lagos, mares ou a água que bebemos, é um material composto pela substância água e onde estão dissolvidos alguns sais minerais (que também são substâncias) como o bicarbonato de cálcio e até mesmo alguns gases como o oxigênio.

Dizemos que a matéria é tudo aquilo que ocupa lugar no espaço. A matéria é formada por materiais e os materiais são compostos por duas ou mais substâncias. Vamos entender isso? O ar que respiramos, a madeira de uma mesa, uma folha de papel, o suco que bebemos ou um músculo do nosso corpo, são exemplos de materiais.

O ar, por exemplo, é composto por uma mistura de diversos gases: nitrogênio, oxigênio, gás carbônico, entre outros. Cada um desses gases é uma substância.

Uma barra de aço é composta pela substância ferro e outras substâncias que dificultam o aparecimento da ferrugem.

Os constituintes das substâncias são os átomos e as moléculas!

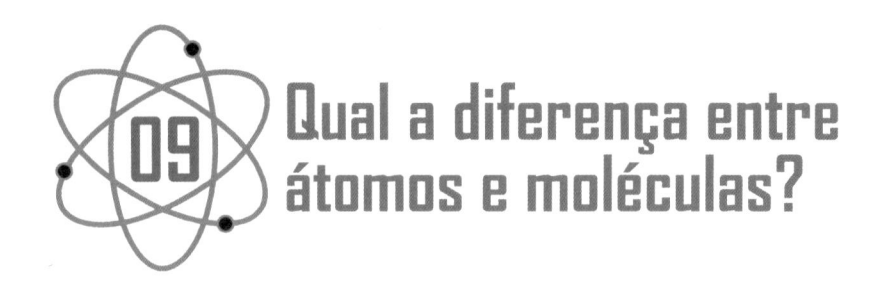

Qual a diferença entre átomos e moléculas?

Todo material é composto por uma ou mais substâncias. E cada substância é constituída por moléculas. As moléculas, por sua vez, são constituídas por um ou mais átomos. Isso é semelhante a dizer que uma casa é construída a partir de tijolos ou que um ser vivo é constituído por células.

Imagine um copo com água. Se você dividir o conteúdo deste copo em dois copos ainda terá água nos dois copos. Se dividir o conteúdo desses dois copos em dez copinhos ainda terá água em cada um. Mesmo se você conseguisse dividir em mil recipientes, cada recipiente ainda teria água. Seria possível continuar dividindo a água para sempre e sempre termos água? A resposta é não! Chegaríamos à menor unidade de água que é a molécula de água.

Mas... seria possível dividir essa molécula? Sim! Mas nesse caso, não teríamos mais água, e sim os átomos que constituem a molécula de água (dois átomos de hidrogênio e um átomo de oxigênio).

Portanto, a molécula é a menor parte da substância que ainda mantém as características dessa substância. E os átomos são os "tijolos" que constroem as moléculas. Cada tipo de átomo diferente constitui um elemento químico.

Existe uma infinidade de moléculas, pois é possível fazer inúmeras combinações de átomos que resultam na variedade de substâncias e materiais que encontramos no nosso mundo. No entanto, o número de elementos químicos encontrados é limitado. Você pode saber quais os elementos que existem consultando uma tabela periódica.

10 O que é radiação?

A palavra radiação tem origem na mesma palavra que expressa o raio de um círculo. Imagine uma situação em que se desenha vários raios do mesmo círculo. Você verá várias linhas retas partindo do mesmo ponto, parecendo um asterisco. A ideia de radiação que temos na ciência é exatamente essa: alguma "coisa" que se espalha na forma de raios a partir de um ponto.

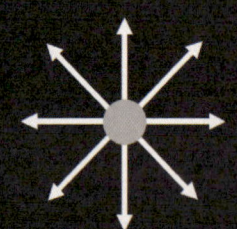

Essa coisa pode ser uma onda eletromagnética (ou seja, seus fótons correspondentes) ou pode ser outro tipo de partícula atômica ou subatômica proveniente de reatores ou aceleradores de partículas.

Certos átomos possuem uma grande quantidade de prótons e nêutrons em seus núcleos. Isso faz com que sejam instáveis, isto é: podem se fragmentar a qualquer momento, transformando-se em átomos de novos elementos químicos.

Quando um núcleo atômico sofre esse tipo de transformação, pode emitir, principalmente, três tipos de radiação:

Radiação alfa: que são átomos de hélio (dois prótons e dois núcleos unidos entre si).
Radiação beta: que são elétrons emitidos pelo núcleo se desfragmentando.
Radiação gama: que são ondas eletromagnéticas com grande energia.

Consideramos também qualquer emissão de onda eletromagnética como sendo radiação (raios X, luz de uma lâmpada, raios infravermelhos, micro-ondas etc.).

Quando nos referimos a radiações emitidas pelos núcleos atômicos, costumamos chamá-las de radiações nucleares. E os elementos que emitem esse tipo de radiação são chamados de radiativos ou radioativos.

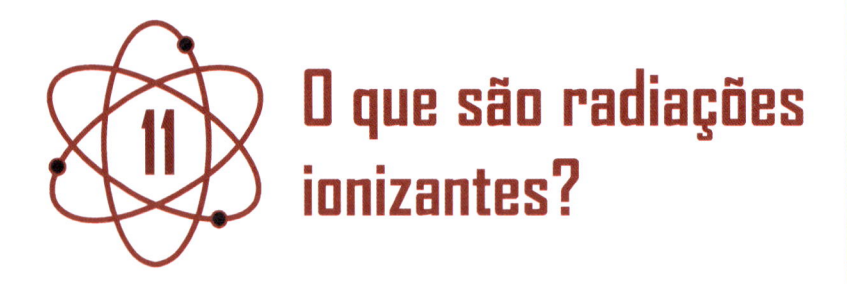

11 O que são radiações ionizantes?

Radiações ionizantes são aquelas que possuem energia suficiente para arrancar elétrons de um átomo. Cada elétron está preso a seu átomo por meio de forças elétricas, sendo necessária uma certa quantidade de energia para arrancá-lo. Além disso, essa energia pode variar de átomo para átomo ou em relação à distância que o elétron está do núcleo.

A **radiação eletromagnética** viaja pelo espaço por meio de **fótons**. A energia de cada fóton depende da frequência da onda eletromagnética. Quanto maior a frequência, maior a energia do fóton. Se a energia do fóton for maior do que a energia necessária para arrancar o elétron do átomo, essa radiação será ionizante. Mas... lembre-se que essa energia é diferente para cada átomo. Portanto, a mesma radiação pode ser considerada ionizante para um átomo e não ser para outro.

Em relação ao corpo humano, esse tipo de radiação pode até mesmo alterar o DNA nas células, levando ao desenvolvimento de câncer. Nesse sentido, as principais radiações ionizantes são os raios X e raios gama, que possuem energia suficiente para penetrar nas camadas mais internas do corpo, danificando-as. As radiações do Ultravioleta não têm o mesmo poder de penetração, mas podem causar danos e câncer na pele.

DIVERSÃO EM CASA

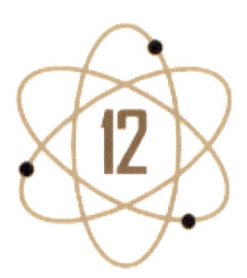

Por que é possível escutar, atrás de uma porta fechada, o que alguém está falando do outro lado?

12

Movimentos vibratórios, por exemplo, o das cordas de um violão, são transferidos para as partículas que compõem o ar e se espalham pelo ambiente. As vibrações do ar são captadas por nossas orelhas e enviadas para o nosso cérebro, que as interpreta como "som". Alguns materiais como vidro, blocos de cerâmica, aço, alumínio, madeira, entre outros, possuem características de "materiais transmissores", ou seja, esses materiais possibilitam que as ondas sonoras os atravessem. Quando você fala em um quarto fechado, a onda sonora gerada incide na madeira da porta fazendo vibrar as partículas que formam essa madeira. Essa vibração atravessa a porta que, por sua vez, faz vibrar o ar do outro lado, repetindo, fora do quarto, o som que você produziu.

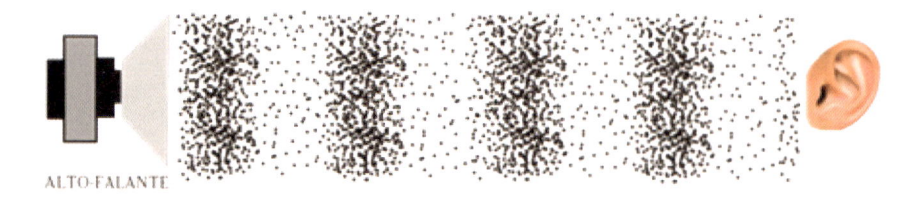

ALTO-FALANTE

Por que sentimos frio quando estamos molhados?

13

Quando saímos da água, esta forma uma fina camada ao longo de toda a pele. Isso significa que essa água está espalhada numa área que é igual à área de nosso corpo.

Qual a consequência disso? Ela vai evaporar com maior facilidade. Mas o que isso tem a ver com o resfriamento do corpo? Para evaporar, a água retira energia do nosso corpo. É isso que causa a sensação de frio. Quando nos secamos com a toalha, diminuímos a quantidade de água que está em contato com nosso corpo. Isto é, diminuímos a quantidade de água que retira energia do nosso corpo para evaporar. Quanto mais rápido usarmos a toalha, menos frio sentiremos.

Você já deve ter percebido isso em alguma situação do seu dia a dia: a água dentro de uma tigela evapora com maior facilidade do que a água dentro de um copo.

Por que o frasco de desodorante esfria quando apertamos o spray?

No interior do frasco há uma mistura de desodorante líquido com um gás comprimido conhecido como propelente. Quando apertamos a válvula, parte do propelente volta a ser gás e se expande. Ao se expandir, ele escapa do frasco empurrando um pouco do desodorante com ele.

Só que, para mudar de fase e se expandir, o propelente precisa de energia. E de onde vem essa energia? Dele mesmo! As suas moléculas, que estavam bem agitadas quando ele estava comprimido, ficam menos agitadas quando ele se expande. Mas a temperatura é justamente uma medida da agitação dessas moléculas. Assim, quanto menos agitadas, menor a temperatura, e por isso, mais frio fica o gás. Como resultado, o frasco e o desodorante que sai dele também esfriam. Por isso o frasco fica "geladinho".

Resumindo: Apertamos a válvula, o gás expande, a temperatura diminui, o frasco (e o desodorante que sai dele) esfria também!

O propelente é um tipo de gás que se torna líquido quando é comprimido no recipiente do desodorante

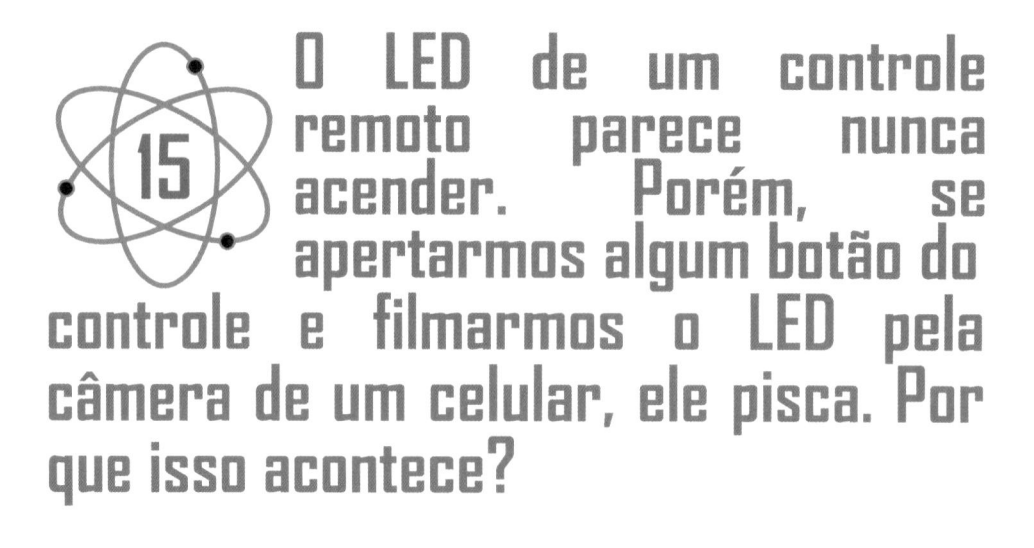

15

O LED de um controle remoto parece nunca acender. Porém, se apertarmos algum botão do controle e filmarmos o LED pela câmera de um celular, ele pisca. Por que isso acontece?

LED é a sigla de "Diodo Emissor de Luz" (*Ligth-Emitting Diode*). Um tipo de componente eletrônico que tem larga aplicação industrial, sendo cada vez mais utilizado na iluminação doméstica.

No controle remoto, um LED está conectado a um chip de microcontrolador, que por sua vez está conectado a um teclado. Cada botão do controle tem o seu próprio padrão de sinais disparados pelo LED na faixa do infravermelho, um tipo de radiação que é invisível à nossa visão, porém, é visível à câmera do celular. Assim, quando você aperta qualquer botão do controle remoto, olhando através do celular, a sua câmera capta a luz infravermelha e a converte em luz visível.

Além do celular, existem algumas espécies de animais que conseguem "enxergar" luz infravermelha, como é o caso de alguns peixes e cobras.

Peixe Dourado

Cobra Cascavel

Se a lâmpada de um dos cômodos de alguma casa se queimar, as lâmpadas dos outros cômodos continuam acendendo. Por quê?

16

Se os dois terminais da fonte de tensão forem ligados, ao mesmo tempo, a dois terminais de vários aparelhos, é como se cada aparelho estivesse formando um circuito simples com a fonte. Cada aparelho está submetido à tensão elétrica da fonte e a fonte fornece uma corrente elétrica diferente para cada aparelho. A corrente total que a fonte fornece é igual à soma das correntes em cada aparelho. Esse tipo de circuito é conhecido como **circuito em paralelo**.

É isso que acontece no circuito elétrico de uma casa. Cada lâmpada é ligada diretamente aos dois terminais da fonte de tensão, formando, individualmente, um circuito simples com ela. No entanto, todas as lâmpadas e tomadas da residência, coletivamente, formam um circuito em paralelo. Se uma lâmpada se queimar, não interrompe a passagem de corrente nos outros componentes do circuito. Eles continuam funcionando independentes uns dos outros.

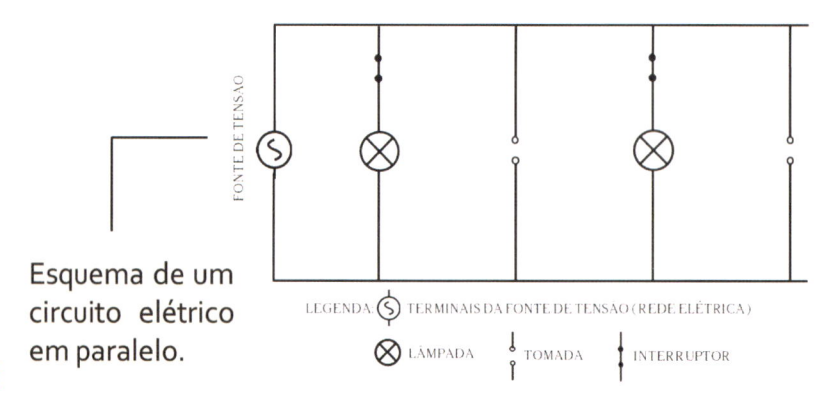

FONTE DE TENSÃO

Esquema de um circuito elétrico em paralelo.

LEGENDA: Ⓢ TERMINAIS DA FONTE DE TENSÃO (REDE ELÉTRICA)
⊗ LÂMPADA   TOMADA   INTERRUPTOR

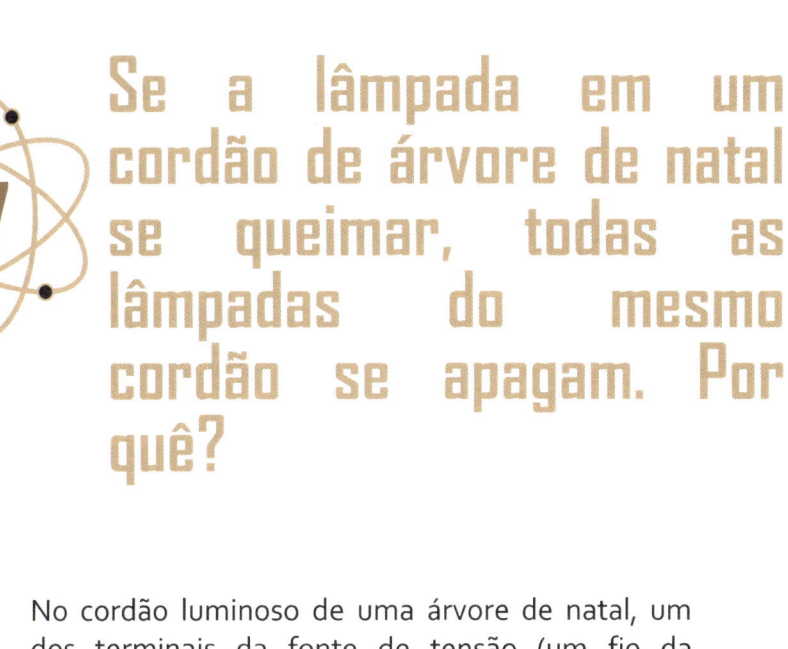

Se a lâmpada em um cordão de árvore de natal se queimar, todas as lâmpadas do mesmo cordão se apagam. Por quê?

17

No cordão luminoso de uma árvore de natal, um dos terminais da fonte de tensão (um fio da tomada) é ligado em um terminal de uma das lâmpadas, que é ligado ao de outra lâmpada e assim sucessivamente, até que o terminal da última lâmpada seja ligado ao outro terminal da fonte de tensão.

A corrente elétrica que passa pelo circuito é a mesma em todas as lâmpadas, enquanto a tensão elétrica da fonte se divide pelas lâmpadas. Esse tipo de circuito é chamado de circuito em série.

Nesse circuito, se uma lâmpada se queima, interrompe a passagem de corrente, apagando todas as lâmpadas.

Esquema de um circuito elétrico em série

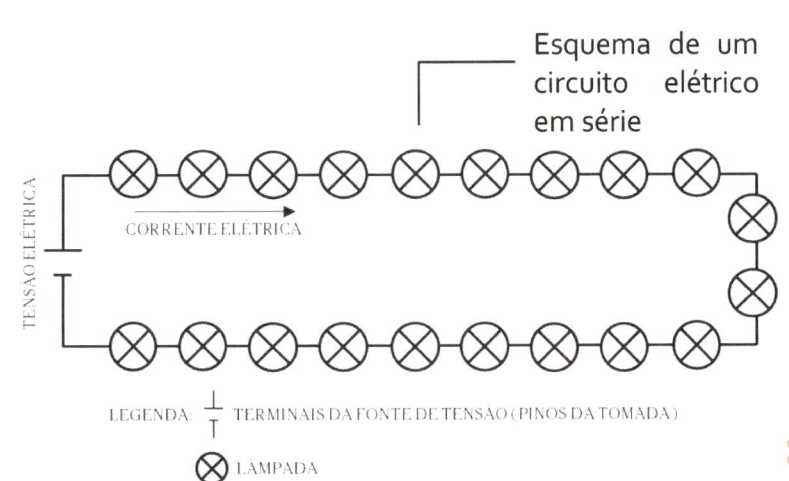

TENSÃO ELÉTRICA

CORRENTE ELÉTRICA

LEGENDA: ⊥ TERMINAIS DA FONTE DE TENSÃO (PINOS DA TOMADA)

⊗ LÂMPADA

Por que a luz acende praticamente no mesmo instante em que ligamos o interruptor?

Muita gente compara um fio elétrico com uma mangueira com água, só que no lugar da água, o que flui é a corrente elétrica. Assim, na hora que alguém liga o interruptor, logo se imaginam as cargas elétricas se movimentando de um lado para o outro do fio, acendendo a lâmpada. Como a lâmpada se acende quase que instantaneamente, conclui-se que essas cargas se movem a uma velocidade altíssima. Certo?

Errado! Existem dois tipos de cargas elétricas: as positivas, presentes nos prótons, localizados nos núcleos dos átomos, e as negativas, presentes nos elétrons. Cargas de mesmo sinal se repelem e de sinais opostos se atraem. Num fio metálico, há o mesmo número de cargas positivas e negativas, e alguns elétrons possuem certa liberdade para pularem de um átomo para outro (são chamados de elétrons livres).

No exemplo da mangueira, se ela estiver vazia e você abrir a torneira, vai demorar um tempo para a água sair do outro lado. Mas, se ela já estiver cheia de água, a água sairá no mesmo instante que você ligar a torneira! O fio elétrico é como a mangueira cheia d'água!

Mangueira cheia d'agua

Fio elétrico preenchido por elétrons livres

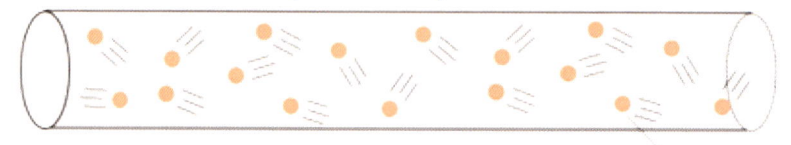

Elétrons Livres

Ao ligarmos o interruptor, uma força elétrica empurra os elétrons livres do fio numa direção. Como o fio já está cheio de elétrons livres, qualquer empurrão em uma parte dos elétrons livres será transferido quase que instantaneamente para todos. Assim, o movimento de cada elétron é bem lento, mas o seu efeito é instantâneo.

FÍSICA DOS ALIMENTOS

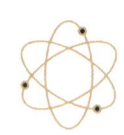

Por que o café de uma xícara esfria ao mexermos com uma colher?

Processos de propagação de calor

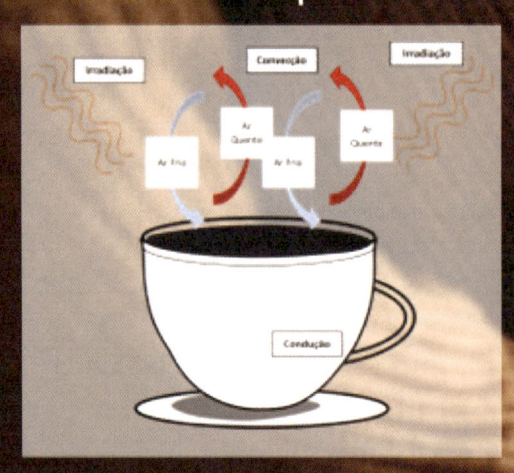

Se deixarmos uma xícara de café sobre a mesa, ela esfriará depois de algum tempo através de processos térmicos de <u>condução</u> (perda de calor do café pelas paredes da xícara), <u>convecção</u> (perda de calor pelo movimento de camadas de ar na superfície do café) e <u>irradiação</u> (perda de calor pela emissão de radiação infravermelha do café).

A utilização de uma colher para mexer o café acelera essa perda, principalmente pela convecção, fazendo com que o líquido se movimente mais rapidamente e facilitando a troca de energia com o ambiente a uma maior taxa. Além disso, a perda de calor nesse processo pode acontecer também pela condução térmica, tanto ao adicionar açúcar (que está a uma temperatura menor que o café), como ao utilizar uma colher de metal para mexer a mistura.

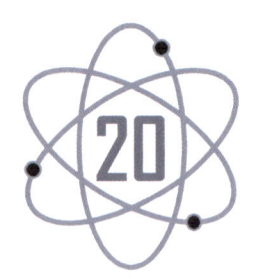

Aquecer alimentos no micro-ondas faz mal à saúde?

20

De vez em quando aparecem boatos circulando na internet de que a radiação micro-ondas provoca câncer. Outro boato muito comum diz que os alimentos cozidos no micro-ondas ficam mais pobres em nutrientes. Boatos desse tipo estão relacionados a uma confusão feita com a palavra "radiação". Boa parte das radiações existentes na natureza ocorre na forma de ondas eletromagnéticas. Essas ondas estão presentes no nosso dia a dia (como, por exemplo, a luz, o wi-fi e as ondas de rádio) e, na maioria das vezes, não nos fazem mal.

O aparelho de micro-ondas produz ondas eletromagnéticas que oscilam numa frequência semelhante à frequência de oscilação de moléculas de água. Assim, na presença de micro-ondas, as moléculas de água vibram mais, provocando o aquecimento dessa água (esse fenômeno é conhecido como ressonância). Como os alimentos possuem água em seu interior, esse tipo de radiação pode ser utilizada para cozinhá-los.

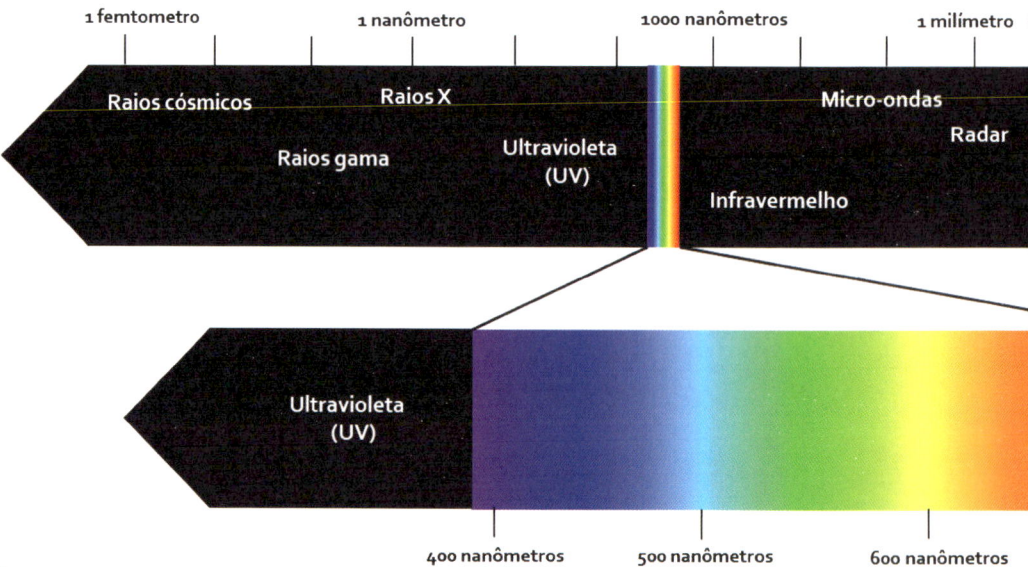

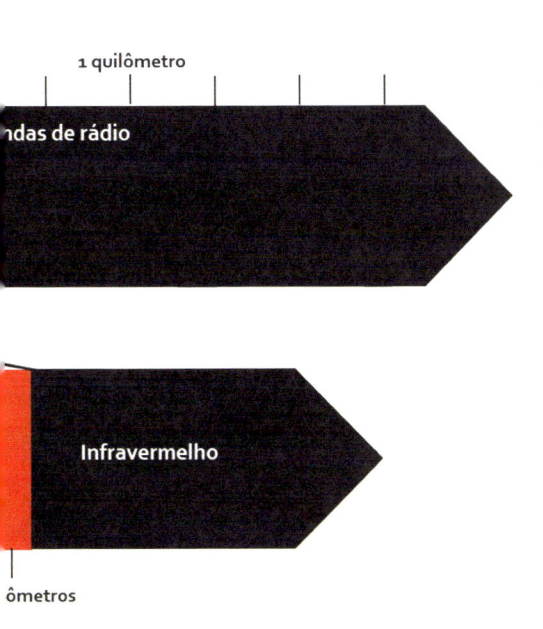

1 quilômetro

ndas de rádio

Infravermelho

ômetros

As micro-ondas e outras radiações comuns em nosso dia a dia são diferentes daquelas emitidas pelos materiais radioativos e a dos aparelhos de Raios X (estes, sim, perigosos à saúde). Esse tipo de radiação é chamado de radiação ionizante, pois provoca alterações nas células dos seres vivos, podendo causar doenças. Essa radiação é de altíssima energia, e é geralmente emitida por materiais como o Rádio, Tório, Urânio, Plutônio, entre outros.

Por que a mão não se queima ao se cozinhar com uma colher de madeira?

Quando dois objetos estão em diferentes temperaturas, o mais quente transfere calor para o mais frio. Se essa transferência ocorre por meio do contato entre eles, dizemos que houve condução de calor. Mas essa transferência depende também do tipo de material que constitui esses objetos. Se a transferência de calor ocorre com maior facilidade em um material, ele é conhecido como bom condutor térmico. Mas, se o material dificulta a transferência de calor, ele é um isolante térmico.

Por outro lado, a pele pode sofrer queimaduras, caso receba uma transferência intensa de calor. E isso ocorre quando ela entra em contato com um objeto muito quente. Acidentes domésticos envolvendo queimaduras são relativamente comuns e muitas vezes acontecem pelo manuseio inadequado dos utensílios de cozinha.

Para reduzir os riscos, esses utensílios são fabricados a partir de diferentes materiais, que possuem propriedades térmicas distintas, de acordo com a necessidade, oferecendo segurança no manuseio. Panelas de metal, por exemplo, possuem cabos e alças feitas de cerâmica, borracha ou madeira, que são isolantes térmicos. O metal, bom condutor, facilita o aquecimento da panela, mas os materiais isolantes dificultam a transferência de calor para quem segura a panela. Do mesmo modo, a colher de madeira pode ser mergulhada em um cozido bem quente sem queimar as mãos de quem a segura.

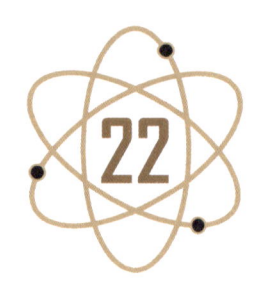

Por que os alimentos colocados no aparelho micro-ondas têm de girar em uma plataforma?

O aparelho de micro-ondas aquece os alimentos utilizando ondas eletromagnéticas que levam o mesmo nome, e provocam agitação térmica nas moléculas de água dos alimentos, aumentando assim a sua temperatura. Essas ondas são aprisionadas no interior do eletrodoméstico graças ao revestimento metálico interno e à tela colada do lado de dentro da tampa do aparelho, fazendo com que as micro-ondas se comportem como ondas estacionárias.

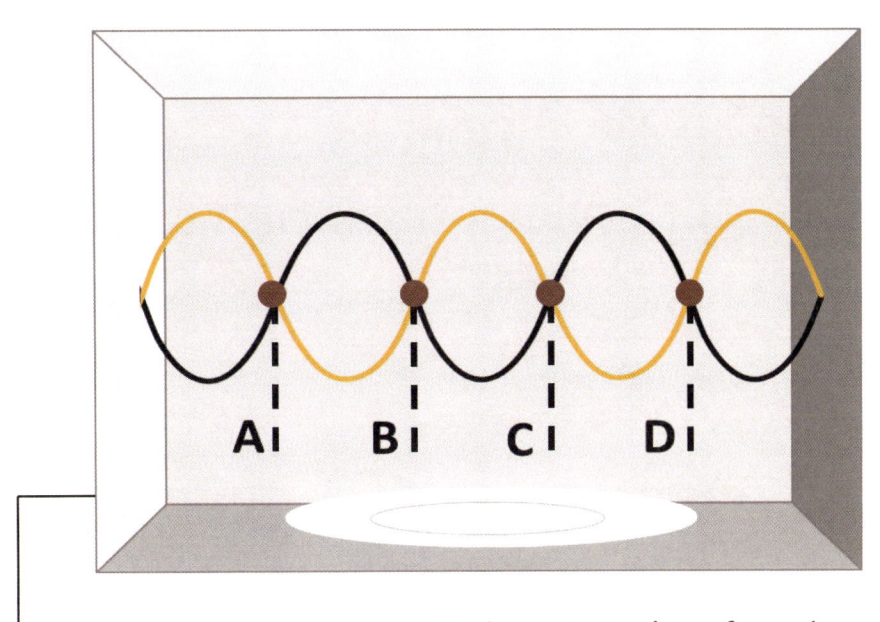

Ondas estacionárias formadas no interior de um aparelho micro-ondas.

Basicamente, ondas estacionárias possuem regiões de mínima intensidade (pontos A, B, C e D da figura abaixo), e permanecem no interior do aparelho até serem absorvidas pelos alimentos colocados sobre o prato. Dessa forma, se o alimento não girar enquanto o aparelho estiver ligado, os pontos de mínima intensidade irão permanecer em uma única região do alimento, fazendo com que seja aquecido parcialmente. É por isso que a plataforma do aparelho deve girar, para que o alimento seja aquecido de maneira uniforme.

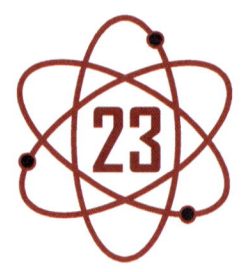

23 É perigoso consumir alimentos irradiados?

Alimentos irradiados são alimentos que foram expostos propositalmente a algum tipo de radiação ionizante. Isso é feito porque esse tipo de radiação é capaz de destruir vírus, bactérias ou fungos que deterioram o alimento. A técnica, normalmente consiste em colocar o alimento em um ambiente fechado contendo uma fonte radioativa que emite raios gama. No entanto, o alimento não entra em contato direto com a fonte. Outra maneira de se fazer isso é submeter o alimento a uma "dose" de raios X. Embora possa parecer estranho para muita gente, essas técnicas não deixam o alimento radioativo. Os raios gama ou os raios X atravessam o alimento, matando os microrganismos que podem deteriorá-lo. Após a exposição, o alimento não guarda resquícios de radiação, podendo ser consumido normalmente. É possível identificar este tipo de alimento por meio do símbolo ao lado, chamado de Radura.

Logotipo internacional chamado de Radura, para identificar um alimento irradiado.

VIAGENS, ESPORTES E LAZER

Por que as pessoas que mergulham com cilindro de ar não devem retornar à superfície rapidamente?

Em primeiro lugar, é preciso entender que um fluido (como o ar ou a água) exerce pressão em todas as direções. Assim, o ar exerce pressão em todos os pontos de seu corpo, inclusive de dentro para fora, pois você possui vários orifícios de entrada de ar. Da mesma forma, quando você mergulha, a água exerce pressão sobre toda área externa de seu corpo que, por sua vez, pressiona tudo que está dentro de você. Portanto, para você não ser esmagado pela pressão da água, a sua pressão interna deve ser igual à pressão externa.

Pressão

Mas há um problema: quanto maior a profundidade de seu mergulho, maior é a pressão que a água exerce sobre seu corpo e, portanto, maior é a pressão interna para evitar o colapso. Isso significa que o ar que você respira pelos cilindros, e vai para seu pulmão também deve estar em alta pressão. Mas, se o ar que você respira está em alta pressão, significa que ele está comprimido em um volume menor que estaria se você estivesse na superfície. Se você tentar voltar à superfície rapidamente, sem expelir totalmente esse ar, ele pode se expandir a ponto de causar danos aos pulmões!

Além disso, o cilindro contém uma mistura de gases, entre eles o oxigênio e o nitrogênio. Em altas pressões, o nitrogênio se dissolve no sangue ou em outros tecidos do corpo. Mas, se a pressão cair drasticamente, o nitrogênio vaporiza novamente, formando bolhas de ar. Essas bolhas de ar no sangue (embolia gasosa) podem causar sérios danos à saúde e até mesmo a morte.

Para evitar a embolia ou a expansão rápida dos gases no pulmão, o mergulhador deve subir lentamente. Fazendo pausas de tempos em tempos para facilitar a descompressão.

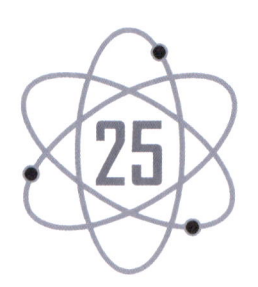

Por que, ao dirigir, é recomendável manter uma certa distância do veículo da frente?

Ao manter os veículos muito próximos uns dos outros, alguns motoristas justificam que não há perigo porque a velocidade dos veículos é praticamente a mesma. Porém, esse pensamento costuma ignorar um fator conhecido como tempo de reação, que faz toda diferença. Esse tempo varia de pessoa para pessoa e mede o intervalo com que um indivíduo responde a um estímulo externo. Você pode ter uma noção do seu tempo de reação quando, por exemplo, alguma coisa cai da sua mão e você tenta pegar antes de ela chegar ao chão.

Imagine agora uma situação hipotética de trânsito, em que um pedestre atravessa a rua repentinamente. Um motorista para o seu carro bruscamente para evitar um atropelamento. Outro motorista, vindo logo atrás ("colado" na traseira do veículo da frente) perceberia o ocorrido alguns décimos de segundo depois, freando o seu carro já com algum atraso em relação ao da frente.

A depender da velocidade com que os dois veículos trafegavam antes do episódio e da distância entre eles, o intervalo de tempo entre o momento que o motorista de trás percebe o da frente frear e o início da ação de frenagem do carro de trás pode ser grande o suficiente para que haja uma colisão.

26 Durante a noite, um rádio de ondas curtas pode captar algumas emissoras estrangeiras que não é capaz sintonizar durante o dia. Por que isso acontece?

As ondas que são transmitidas pelas estações de rádio de "Ondas Curtas" (SW) sofrem sucessivas reflexões em camadas atmosféricas como a Ionosfera. Essa camada possui uma altura em relação à superfície terrestre que vai dos 50 km até 1.000 km e recebe intensa radiação solar, provocando a ionização (a camada perde ou recebe elétrons). Como resultado, ao final do dia, a camada está altamente ionizada, transformando-se em uma espécie de "espelho eletromagnético" que reflete as ondas de rádio para várias regiões da Terra. Mesmo ao longo do dia é possível sintonizar estações de rádio estrangeiras na frequência de ondas curtas, porém, o número de estações detectadas à noite aumenta significativamente graças à ionização da atmosfera terrestre.

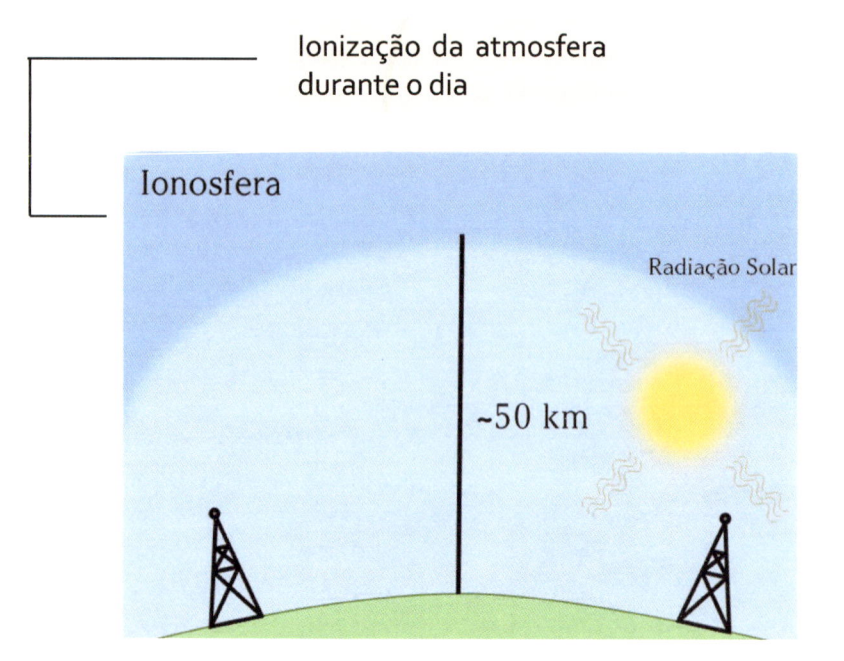

Ionização da atmosfera durante o dia

Ionosfera

Radiação Solar

~50 km

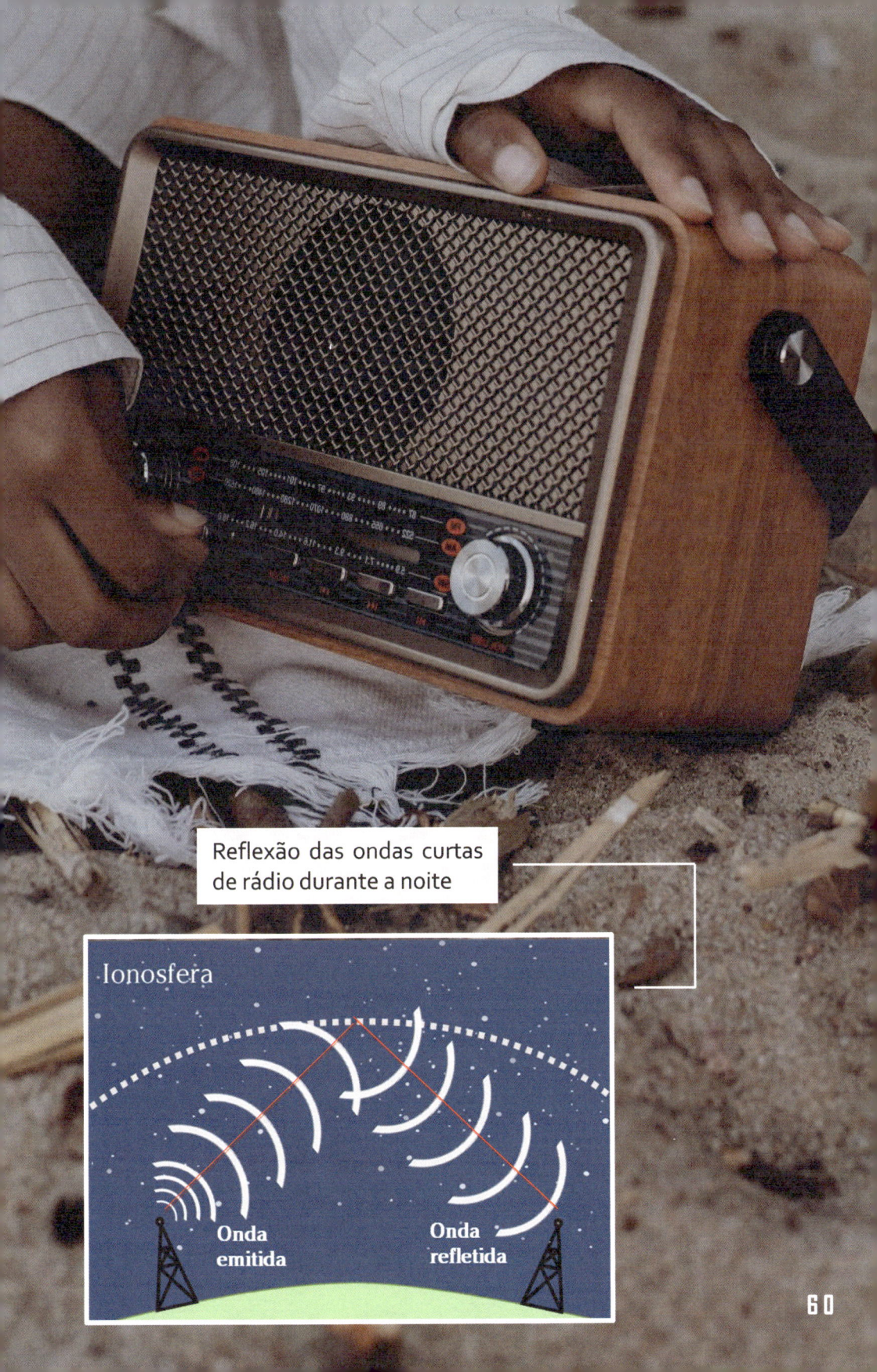

Reflexão das ondas curtas de rádio durante a noite

Ionosfera

Onda emitida

Onda refletida

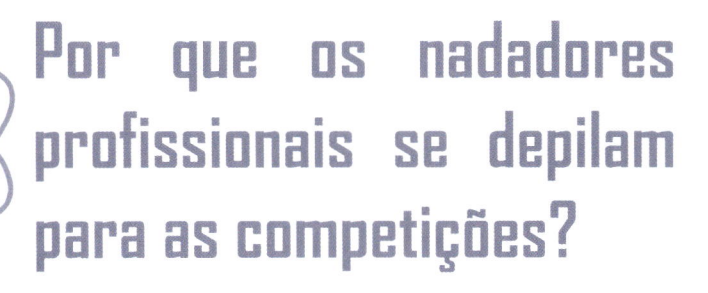

Por que os nadadores profissionais se depilam para as competições?

27

Em competições esportivas como natação, ciclismo e corrida, centésimos de segundo podem fazer toda diferença para que um atleta fique em primeiro ou segundo lugar. Por isso os esportistas treinam para obter um melhor desempenho e isso inclui cuidados com o corpo. Na natação, por exemplo, os pelos no corpo de um atleta aumentariam o atrito entre o corpo e a água durante o nado, reduzindo a eficiência e provocando dores em regiões como as axilas e pernas. A depilação visa diminuir esse atrito, melhorando a movimentação e o desempenho do atleta durante as competições. Em práticas de ciclismo e corrida, a depilação também visa a redução do atrito, desta vez com o ar, contribuindo para um melhor desempenho do esportista, além de permitir com que a evaporação do suor do corpo aconteça de forma mais rápida, regulando a temperatura do corpo mais rapidamente.

TEMPERATURA, TEMPO E CLIMA

28. Por que escutamos o trovão algum tempo depois do relâmpago?

Basicamente, um relâmpago é uma descarga elétrica que aparece entre nuvens ou entre nuvens e solo submetidos a uma diferença de potencial da ordem de alguns milhões de volts e que atingem uma corrente elétrica de 20 ou 30 mil ampères.

Essa descarga elétrica, que é chamada de raio, ioniza o ar e emite uma grande quantidade de luz e outros tipos de ondas eletromagnéticas. Durante o relâmpago, o ar ao redor da descarga é aquecido a temperaturas que podem chegar a 30 mil graus Celsius em apenas 0,00001 segundos. Esse ar aquecido expande subitamente e produz ondas sonoras de grande intensidade, que são os trovões.

Embora tanto o raio como o trovão aconteçam praticamente no mesmo instante, vemos a luz do relâmpago antes de escutar o barulho do trovão porque a velocidade da luz no ar é muitíssimo maior que a velocidade do som. Assim, o brilho do relâmpago chega até nós quase que instantaneamente, enquanto o barulho produzido pela expansão súbita do ar em torno do relâmpago levará mais tempo para percorrer o trajeto.

Há ainda situações em que o barulho do trovão nem pode ser escutado. Isso acontece quando a tempestade está muito longe (mais de 20 quilômetros de distância). Para se ter uma noção da distância entre você e uma nuvem de tempestade, marque o tempo entre clarão do relâmpago e o trovão, e divida por três. O resultado indicará, aproximadamente, a distância (em quilômetros) em que ocorreu a descarga elétrica.

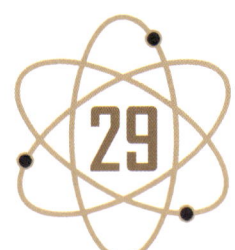

29 Durante tempestades, o que fazer para se proteger dos raios?

A opção mais segura para se proteger de raios em tempestades é procurar construções como casas e prédios. Muitas dessas estruturas também possuem para-raios, que são instrumentos bastante eficientes em conduzir as <u>descargas elétricas</u> das nuvens para o solo, deixando o local mais seguro. Ainda assim, deve-se tomar cuidado nesses locais para não tocar em partes metálicas, em janelas e portas e manter-se distante das redes elétrica, hidráulica e telefônica. Outra opção é procurar abrigo em automóveis fechados, mantendo suas portas e janelas fechadas, desligar o motor e não encostar nas partes metálicas do veículo.

Por fim, caso a pessoa seja pega de surpresa por uma tempestade em um lugar que não há abrigo seguro, o mais adequado é se agachar e colocar a cabeça entre os joelhos, mantendo os pés juntos. É preciso lembrar que raios não caem somente em árvores e postes e outras estruturas construídas, mas também no solo, provocando o espalhamento da corrente elétrica. Se uma pessoa estiver com os pés separados entre si sobre o solo molhado atingido pelo raio, aparecerá uma tensão de passo que provocará uma corrente elétrica entre os pés que pode ser fatal.

30 Quando o Sol aparece logo depois de uma chuva, temos a sensação de "mormaço" (um "calor abafado"). Por que isso acontece?

Quando a água evapora, o vapor se mistura ao ar em nossa volta. Porém, o ar não comporta qualquer quantidade de vapor, há um limite máximo para isso. No momento em que o vapor d'água misturado no ar atinge esse limite, dizemos que a umidade relativa do ar atingiu 100%. A partir daí, é mais difícil para a água evaporar sozinha. Quando o Sol aparece logo após uma chuva, a umidade relativa do ar está em cerca de 100%. Isso dificulta a evaporação do nosso suor, ampliando a nossa sensação de "calor".

31 Por que o gelo pode "queimar" a pele?

Queimaduras causadas pelo gelo podem acontecer através do contato direto com a pele. A diferença de temperatura entre o gelo e a pele humana é de pelo menos 37°C, o que faz com que o corpo reaja ao choque térmico com a informação de dor na região de contato, dando a sensação de queimação.

O contato entre ambas as superfícies provoca uma contração dos vasos sanguíneos que leva à redução do fluxo sanguíneo e de oxigênio no local da pele. Um contato prolongado no gelo pode levar à formação de cristais de gelo na pele, afetando camadas interiores e deixando cicatrizes. Em casos extremos pode até causar a morte do tecido local.

Para evitar lesões causadas pelo gelo, é recomendável utilizar roupas termicamente confortáveis e protetores para orelhas e cabeça, para temperaturas baixas. Além disso, ao utilizar gelo para tratar lesões ou relaxar a pele, é aconselhável que o material seja enrolado em um pano ou uma bolsa térmica específica, a fim de não entrar em contato direto com a pele.

Em lugares frios, por que o sal é utilizado para descongelar a neve?

32

Em uma certa quantidade de gelo sempre haverá uma fina camada de água líquida em sua superfície. Ocorre que, nesta interface gelo-água, existem interações nas quais parte das moléculas de água muda de fase, se tornando em gelo; e parte das moléculas de gelo também muda de fase, se tornando em água. Quando adicionamos uma certa quantidade de sal ao gelo, ele se dilui na água líquida em sua superfície. Ela deixa de ser pura e se torna uma mistura de água e sal (salmoura). O resultado disso é que, agora, a quantidade de moléculas de água líquida que mudam para a fase de gelo passa a ser menor do que antes. Como o sal não interage com o gelo (sólido) diretamente, a quantidade de gelo que se transforma em água continua a mesma, causando um desequilíbrio e o derretimento do gelo. Como temos mais gelo se derretendo do que água congelando, o gelo que derrete acaba retirando calor do próprio sistema. Isso causa a diminuição da temperatura até que se reestabeleça o equilíbrio, ou seja, até que a quantidade de moléculas de gelo e água que mudam de fase sejam iguais. Essa temperatura, cerca de -20 °C, é o novo ponto de congelamento.

De modo semelhante, o sal também altera o ponto de fervura da água líquida. Adicionando sal à água, aumentamos seu ponto de fervura para aproximadamente 103 °C. Por essa razão que, quando vamos cozinhar um arroz, se utilizarmos uma salmoura, ela irá demorar mais tempo para ferver do que a água pura.

É possível aproveitar a energia elétrica dos raios?

Não é viável! Embora a tensão e a corrente elétrica de um relâmpago sejam bastante elevadas, a maior parte da energia elétrica produzida em uma descarga elétrica é consumida pelo próprio raio na forma de luz (relâmpago), barulho (trovão) e calor (aquecimento do ar por onde passa o raio).

Dessa forma, sobra pouca energia para ser realmente aproveitada. Suficiente apenas para acender algumas poucas lâmpadas por pouco tempo.

Em outras palavras, ver o clarão de um relâmpago é também observar a forma pela qual 95% da energia elétrica da descarga está sendo gasta.

CURIOSIDADES ASTRONÔMICAS

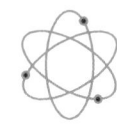

34 Como os cientistas calculam a Idade do Universo?

Imagine dois carros viajando em sentidos opostos numa estrada, ambos a uma velocidade média de 50 km/h. Isso quer dizer que, a cada hora, cada um deles percorreu 50 quilômetros. Imagine agora que, após se cruzarem, em um dado momento, se separam por uma distância de 200km. Há quanto tempo atrás ocorreu o cruzamento entre os carros? Se você sabe que cada um deles anda 50 quilômetros a cada uma hora, há uma hora atrás cada carro estava 50km antes (100km contando os dois carros). Há duas horas antes, cada um deles estava, também, 50km antes (mais 100km contando ambos os carros). Sendo assim, a cada uma hora eles se afastam 100km (somando 200 km para ambos os carros). Portanto, ambos estavam juntos há duas horas atrás.

O que isso quer dizer? É que, tendo as informações a respeito da distância e da velocidade dos carros, e sabendo que essas informações não mudaram com o passar do tempo, é possível saber quando esses carros estavam juntos.

Da mesma forma os cientistas descobriram que, no geral, as galáxias estão se afastando umas das outras. Ora, se elas estão se afastando umas das outras é porque um dia já estiveram juntas. Esse momento em que elas estiveram juntas seria aproximadamente o período da origem do Universo. Sabendo a velocidade com que as galáxias se afastam e as distâncias entre elas, é possível ter uma ideia de quando elas estavam todas juntas. Assim, podemos ter uma ideia da idade do nosso Universo.

Se há uma infinidade de estrelas no Universo, por que o céu é escuro à noite?

De acordo com a Teoria do *Big Bang*, o Universo em que vivemos tem uma idade de, aproximadamente, 14 bilhões de anos. Caso a sua idade fosse infinita, o céu noturno seria infinitamente brilhante porque a luz de cada ponto do Universo teria tido tempo de "viajar" para todos os lados e alcançar todas as regiões. Em contrapartida, como o Universo possui uma idade finita, significa que a luz das estrelas mais distantes ainda não chegou até nós.

Dito de uma outra forma, o céu escuro à noite indica que o nosso Universo teve um início.

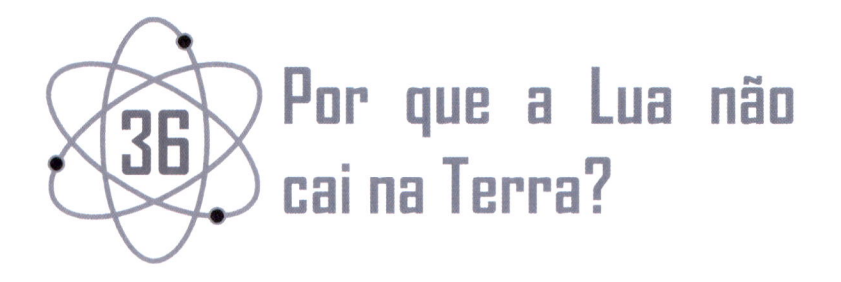

36 Por que a Lua não cai na Terra?

Segure uma pedra em sua mão e estenda o braço. Se você a soltar, ela cairá na vertical. Agora, arremesse a pedra. Você vai ver ela descrevendo uma pequena curva no ar antes de tocar o solo. Arremesse com uma velocidade maior e ela vai descrever uma curva um pouco mais aberta. Quanto mais velocidade você der à pedra, mais aberta estará a curva.

Agora, lembre-se que o planeta Terra é uma grande esfera. Imagine o que aconteceria se você conseguisse arremessar a pedra com uma velocidade tão grande que a curva que ela fizesse ao cair fosse igual à curva da Terra. O que iria acontecer?

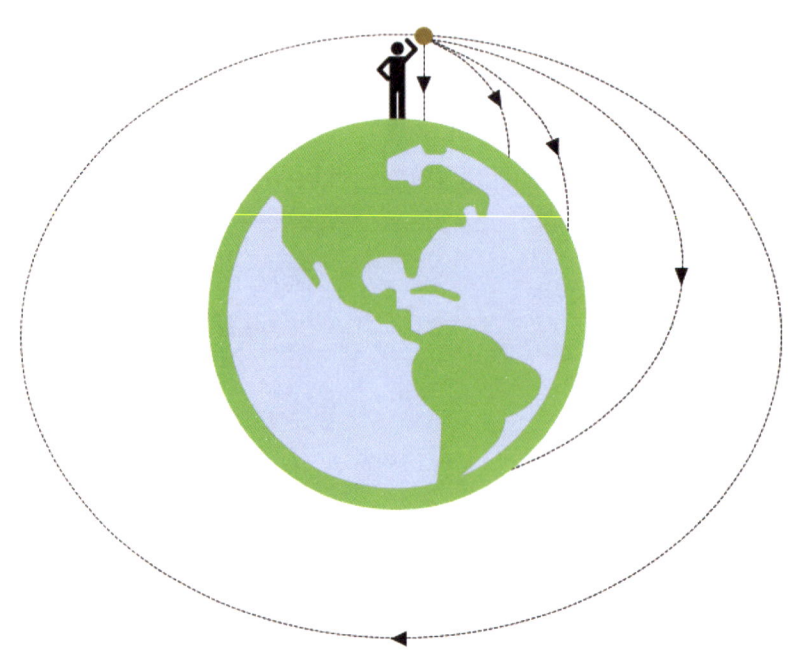

A pedra continuaria caindo, em curva, sem tocar o solo. É claro que, com o passar do tempo, a resistência do ar iria diminuir sua velocidade e ela acabaria caindo. Mas, e se você tivesse condições de arremessar essa pedra acima da atmosfera? Não haveria nada para pará-la e ela permaneceria girando em torno da Terra, para sempre. A pedra entraria em órbita da Terra. É isso que acontece com os satélites.

Também é isso que acontece com a Lua. A Lua está em órbita da Terra. Isto é, ela está caindo ao redor da Terra. Ela se move com uma certa velocidade, mas a força gravitacional da Terra é perpendicular à Lua, fazendo-a cair em curva em torno da Terra. Mas como essa curva nunca atinge o solo, ela permanece girando ao redor da Terra para sempre.

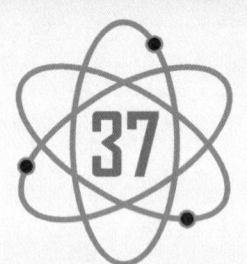

O que é o "lado oculto" da Lua?

O lado oculto da Lua tem ocupado o imaginário artístico de muitas obras, peças e canções mundo afora. É o caso do famoso álbum *The Dark Side of the Moon* (o lado escuro da Lua), lançado pela banda britânica Pink Floyd, em 1973. O lado oculto que essas composições se referem é o lado da Lua que não é visto daqui da Terra.

A Lua possui basicamente três movimentos:

- <u>Rotação</u>: giro em torno do seu próprio eixo;
- <u>Revolução</u>: giro em torno da terra;
- <u>Translação</u>: movimento em torno do Sol.

Os movimentos de rotação e revolução da Lua são sincronizados, isto é, têm a mesma duração (aproximadamente, 28 dias). Assim, à medida que a Lua vai girando ao redor da Terra, ela também vai girando ao redor do seu próprio eixo, mostrando sempre o mesmo lado para quem a observa a partir da Terra.

38 O que são cometas?

Cometas são pedaços de rocha e gelo que viajam pelo Sistema Solar em diferentes tipos de órbitas. Eles se aquecem quando se aproximam do Sol, fazendo evaporar parte do gelo que os constitui. Esse vapor forma a sua grande cauda, que brilha ao refletir a luz solar.

Como eles estão muito mais distantes da Terra que os meteoros, não percebemos o seu movimento com a mesma facilidade. Eles parecem estar parados no céu se os observarmos por apenas uma noite. Mas, ao longo das noites, é possível perceber que eles se movem aproximando-se ou afastando-se do local onde o Sol se pôs ou nascerá.

O cometa mais famoso já observado leva o sobrenome de Edmond Halley, que previu sua aparição em 1758. Esse cometa pode ser visto da Terra a cada 76 anos. A passagem mais recente do cometa Halley aconteceu em 1986. No final de 2023, o cometa atingiu a distância máxima do Sol em sua órbita, iniciando a trajetória de aproximação da nossa estrela. No entanto, devido à grande distância em que se encontra, o cometa só poderá ser visto novamente da Terra no ano de 2061.

Cometa Halley, registrado em 1986.

Cometa Mcnaught exibe sua exuberante "cauda". Registro de 2007.

Meteorito de Bendegó

~ 1,2 km

Cratera de Barringer

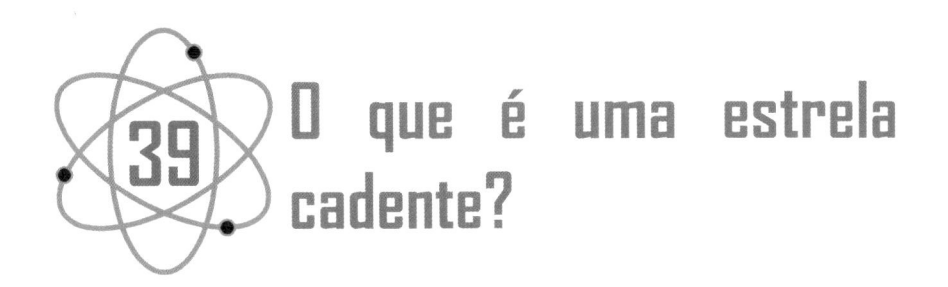

39 O que é uma estrela cadente?

Estrelas cadentes são pedaços de rocha ou poeira que estão vagando pelo espaço (meteoroides) e são capturados pela atração gravitacional do planeta Terra. Quando caem em direção à Terra (passam a ser chamados meteoros), se aquecem devido ao atrito com os gases e partículas da atmosfera.

O aquecimento é tão grande que eles emitem luz, formando um rastro brilhante no céu que, quase sempre, desaparece rapidamente porque se desmancharam. Mas, algumas vezes, rochas maiores são capturadas pela gravidade e podem, depois de riscar o céu, explodir, formando belos clarões de luz (bólidos) que podem ser seguidos de estrondos. De forma muito mais rara, quando um meteoro atravessa a atmosfera e atinge o chão, ele é chamado de meteorito. Foi o caso do meteorito de Bendegó, o maior já encontrado no Brasil.

No passado, grandes meteoros abriram grandes crateras na Terra (como a cratera de Barringer no Arizona, EUA) e, provavelmente, causaram grandes catástrofes, podendo, também, ter provocado a extinção de muitas espécies. Mas a chance de um grande meteorito cair nos dias de hoje é muito pequena.

Ao observar o céu, como diferenciar uma estrela cadente de um cometa?

Se você olhar para o céu à noite, numa região livre de poluição luminosa, vai perceber que, de vez em quando, irão surgir uns pontos luminosos "riscando" o céu rapidamente. Se tiver sorte, poderá ver um desses pontos luminosos passar rapidamente e "estourar" no céu formando um clarão repentino. Popularmente, esses objetos são conhecidos como estrelas cadentes. São chamados assim porque realmente se parecem com estrelas "caindo" do céu.

No entanto, se ao invés de ver um ponto luminoso riscando o céu, você perceber um pontinho luminoso com uma cauda brilhante, mas esse ponto luminoso com uma cauda não se move rapidamente no céu, parecendo estar parado em relação às estrelas, aí estará observando um cometa. A palavra "cometa" significa "cabeleira" e os cometas têm esse nome por causa de sua cauda, que parece uma cabeleira brilhante. Os cometas são vistos normalmente perto do horizonte oeste (se você estiver observando logo depois do pôr do Sol) ou perto do horizonte leste (se estiver observando logo antes do nascer do Sol). Toda noite que você olhar para o céu numa região livre de poluição luminosa, vai conseguir ver "estrelas cadentes". Mas nem em todas as noites será possível ver um cometa.

Crédito das Imagens

Capa 1. pg 1 e 2: https://www.pexels.com/pt-br/foto/garoto-menino-rapaz-crianca-8471842/

Capa 2. pg 25 e 26: Designed by Freepik: https://br.freepik.com/fotos-gratis/garoto-de-vista-frontal-brincando-com-brinquedos-ecologicos_33804293.htm

Capa 3. pg 41 e 42: https://www.pexels.com/pt-br/foto/comida-na-mesa-preparada-para-o-cafe-da-manha-do-hotel-4916557/

Capa 4. pg 53 e 54: https://www.pexels.com/pt-br/foto/vista-traseira-bicicleta-ciclismo-ciclistas-5807942/

Capa 5. pg 63 e 64: https://www.pexels.com/pt-br/foto/gotas-de-orvalho-em-uma-janela-de-vidro-2785657/

Capa 6. pg 77 e 78: Designed by Freepik: https://br.freepik.com/fotos-gratis/bela-via-lactea-no-ceu-noturno_13461972.htm#fromView=search&page=1&position=3&uuid=0020e0c1-6309-48ba-87fa-91864f432b27

Q. 1: https://www.pexels.com/pt-br/foto/alcool-bebida-alcoolica-fundo-preto-garrafa-12861281/

Designed by Freepik: https://br.freepik.com/fotos-gratis/brandy-sede-restaurante-vinho-conhaque_1047380.htm#query=taca%20vinho%20png&position=23&from_view=keyword&track=ais&uuid=d0a1557d-5c33-4137-9eaa-ae245bbe817b

Q. 2: https://www.pexels.com/pt-br/foto/anonimo-cafe-flatlay-tendencia-flat-lay-5052845/

Q. 3: https://www.pexels.com/pt-br/foto/interior-do-quarto-com-lampada-perto-da-parede-a-luz-do-sol-4792349/

Q. 4: https://www.pexels.com/pt-br/foto/vista-traseira-mochila-mochilar-garoto-7269547/

Q. 5: https://www.pexels.com/pt-br/foto/ardente-queimadura-combustao-fogueira-6623947/

Q. 6: https://www.pexels.com/pt-br/foto/diferentes-tipos-de-lentes-de-camera-3679525/

Q. 7: https://www.pexels.com/pt-br/foto/instrumento-de-cordas-friccionadas-musica-classica-musica-erudita-mao-7095052/

Q. 8: https://www.pexels.com/pt-br/foto/ceus-azuis-53594/
https://www.pexels.com/pt-br/foto/foto-de-close-up-de-gota-d-agua-989959/
https://www.pexels.com/pt-br/foto/fotografia-em-tons-de-cinza-de-corrente-220237/

Q. 9: Designed by Freepik: https://www.freepik.com/free-photo/high-angle-science-elements-with-chemicals-composition_10369018.htm#fromView=search&page=2&position=12&uuid=d5681a72-9e54-421e-be8e-d16827ef13dc

Q. 10: https://www.pexels.com/pt-br/foto/resultado-de-raio-x-de-mao-207496/

Q. 11: https://www.pexels.com/pt-br/foto/pessoa-usando-mascara-de-gas-e-roupa-de-protecao-branca-4114442/

Q. 12: https://www.pexels.com/pt-br/foto/porta-de-madeira-branca-semi-aberta-965878/
Designed by Freepik: https://br.freepik.com/vetores-gratis/icone-de-vetor-realista-parte-do-corpo-humano-anatomia-humana-orelha-em-fundo-branco_31096451.htm#query=orelha%20png&position=6&from_view=keyword&track=ais&uuid=5f10470e-d085-4a66-826e-1e8c3524b2c7

Q. 13: https://www.pexels.com/pt-br/foto/tres-meninos-pulando-na-agua-870170/
https://www.pexels.com/pt-br/foto/jarra-de-vidro-transparente-com-agua-ao-lado-de-um-copo-2956956/

Q. 14: https://www.pexels.com/pt-br/foto/mao-segurando-holding-spray-9748637/

Q. 15: https://www.pexels.com/pt-br/foto/apartamento-limpar-limpo-minimalista-4107158/
https://www.pexels.com/pt-br/foto/foto-de-uma-cobra-chocalho-2618894/
https://www.pexels.com/pt-br/foto/animal-bicho-cor-pigmento-4365561/

Q. 16: https://www.pexels.com/pt-br/foto/bulbos-teto-telhado-dourado-18856731/

Q. 17: https://www.pexels.com/pt-br/foto/arvore-de-natal-iluminada-1708601/

Q. 18: https://www.pexels.com/pt-br/foto/parede-de-concreto-rude-aspero-bruto-10064802/

Q. 19: https://www.pexels.com/pt-br/foto/cafe-da-manha-cafeina-cappuccino-cafe-6802983/

Q. 20: Designed by Freepik: https://www.freepik.com/free-vector/colourful-rainbow-gradient-background_24084858.htm#query=color%20spectrum&position=0&from_view=keyword&track=ais&uuid=f3ec5077-d356-4dcc-a012-e05a34ae961a

https://images.pexels.com/photos/1287150/pexels-photo-1287150.jpeg?cs=srgb&dl=two-white-ceramic-plates-near-microwave-on-counter-top-1287150.jpg&fm=jpg

Q. 21: https://www.pexels.com/pt-br/foto/anonimo-apetitoso-tentador-avental-6294341/

Q. 22: https://www.freepik.com/free-vector/microwave-oven-realistic-composition-with-isolated-image-working-microwave-dish-with-soup-inside-it-illustration_21252970.htm#fromView=search&page=1&position=1&uuid=bad258c2-1180-4a42-a52b-ca0ed6e8d5a6

Q. 23:https://www.pexels.com/pt-br/foto/frutas-fatiadas-diversas-1128678/ Wikipédia:https://pt.wikipedia.org/wiki/Irradia%C3%A7%C3%A3o_de_aliment os#/media/Ficheiro:Radura-Symbol.svg

Q. 24: https://www.pexels.com/pt-br/foto/pessoa-em-corpo-d-agua-3046582/

Q. 25: https://www.pexels.com/pt-br/foto/trafego-20530375/

Q. 26: https://www.pexels.com/pt-br/foto/praia-litoral-cobertor-coberta-10495661/

Q. 27: https://www.pexels.com/pt-br/foto/pessoa-nadando-na-agua-863988/

Q. 28: https://www.pexels.com/pt-br/foto/parafusos-dardos-pinos-sombrio-9184517/

Q. 29: https://www.pexels.com/pt-br/foto/foto-do-relampago-1114690/

Q. 30: https://www.pexels.com/pt-br/foto/predios-edificios-pavimento-calcamento-15374959/

Q. 31: https://www.pexels.com/pt-br/foto/claro-preciso-nitido-frio-7611865/

Q. 32: https://www.pexels.com/pt-br/foto/neve-preto-e-branco-p-b-cidade-13627281/

Q. 33: https://unsplash.com/pt-br/fotografias/trovao--dfqaTOIFVA

Q. 34: https://www.pexels.com/pt-br/foto/ilustracao-da-via-lactea-1169754/

Q. 35: https://www.pexels.com/pt-br/foto/vista-panoramica-da-montanha-rochosa-durante-a-noite-1624438/

Q. 36: Ícone feito por Freepik em https://www.flaticon.com/br/icone-gratis/silhueta-de-uma-mao-levantada_62272
https://www.pexels.com/pt-br/foto/lua-cheia-821718/

Q. 37: NASA/GSFC: https://apod.nasa.gov/apod/ap161230.html

Q. 38: S. Deiries/ESO: https://www.eso.org/public/images/mc_naught34/
https://upload.wikimedia.org/wikipedia/commons/d/d5/Comet_McNaught_at_Paranal.jpg
https://www.pexels.com/pt-br/foto/silhueta-de-arvores-sob-o-ceu-azul-durante-a-noite-6299307/

Q. 39: https://www.pexels.com/pt-br/procurar/shooting%20star/
Wikipédia:https://upload.wikimedia.org/wikipedia/commons/2/28/Meteorito_do_Bendeg%C3%B3_02.jpg

Wikipédia:https://en.wikipedia.org/wiki/Meteor_Crater#/media/File:Meteor_Crater_-_Arizona.jpg

Q. 40: https://www.pexels.com/pt-br/foto/silhueta-de-arvores-durante-a-noite-631477/
https://www.pexels.com/pt-br/foto/astronomia-infinidade-infinito-espaco-5086477/

Impresso na Prime Graph
em papel offset 75 g/m^2
julho / 2024